Angelika Kipp

ENTENKINDER

Fensterbilder aus Tonkarton

Frech-Verlag Stuttgart

VON DER BEKANNTEN AUTORIN ANGELIKA KIPP SIND IM FRECH-VERLAG ZAHLREICHE ANDERE FRÖHLICH-BUNTE TITEL ERSCHIENEN:

HIER EINE AUSWAHL:

Angelika Kipp
Pinguine
Fensterbilder
Eine lustige Gesellschaft im schwarzen Frack und weißer Weste! Schwimmstunde und große Wäsche sind angesagt, in heißer Disco schwingen sie das Tanzbein, das erste Rendezvous endet mit einer echten Pinguin-Hochzeit.
32 S., Farbf., Vorlagenbg.
TOPP 1683
ISBN 3-7724-1683-7

Angelika Kipp
Tierisch gut
Fensterbilder
Lauter lustige Typen: Katz und Maus haben sich heute versöhnt, bei den Schweinchen ist Badetag, die Gänse gehen zum Schwimmen, die verrückte Kuh zum Tauchen, die flotte Lotte flippt aus... und viele andere schlichtweg tierisch gute Motive.
32 S., Farbf., 2 Vorlagenbogen
TOPP 1715
ISBN 3-7724-1715-9

Angelika Kipp
Farbtupfer
Kinderleichte Stabdekorationen durchs Jahr
Kinderleicht mit Moosgummi, das ideale Material für die bunten Stabdekorationen; sie geben Garten, Balkon und Wohnung fröhliche Farbtupfer: Blumen und Vögel, Regenschirme, Drachen, Fliegenpilz und Igel als toller Bastelspaß!
32 S., viele Farbfotos
TOPP 1762
ISBN 3-7724-1762-0

Zeichnungen: Berthold Kipp

Auflage: 5. 4. 3. 2. | Letzte Zahlen maßgebend
Jahr: 1997 96 95 94

frech-verlag GmbH + Co. Druck KG, D-70499 Stuttgart

ISBN 3-7724-1759-0 · Best.-Nr. 1759
Druck: Frech-Verlag GmbH + Co. Druck KG, D-70499 Stuttgart

Kommt Ihnen das bekannt vor:

Sie haben nichts als Unsinn im Kopf, machen als Seeräuber die Gegend unsicher, treiben heimlich die Telefonrechnung der Eltern in die Höhe und klauen Blumen aus Nachbars Garten.
Sie stürzen sich und ihren Drachen ins Stoppelfeld, erfinden eine neue Wassersport-Art, das Schirm-Schwimmen, und streiten sich um jedes einzelne Bonbon.
Sie schließen Freundschaft mit Osterhas, Frosch und Vogel, verbreiten nach dem Baden eine riesengroße Wasserpfütze um sich und trommeln, bis die andern nicht mehr können...

Es kommt Ihnen bekannt vor?
Nein, von **Ihren** Kindern ist nicht die Rede – es geht um die kleinen Entenkinder, die eben auch wie alle Kinder sind, ...nichts als Unsinn im Kopf!
Aber um eines sollten **Sie** dankbar sein:
Wenn **Ihre** Kinder keine Lust zum Zähneputzen haben, können sie sich wenigstens nicht in den Zahnputzbecher setzen und planschen...

Viel Spaß beim Basteln!

Angelika Kipp

ARBEITSMATERIAL

- Tonkarton (in verschiedenen Farben erhältlich)
- schwarzer Filzstift (dünne Strichstärke)
- Bleistift
- Bleistiftspitzer
- weicher Radiergummi
- Transparent- oder Butterbrotpapier, evtl. auch schlicht weißes Backpapier
- Schere
- Klebstoff
- Faden zum Aufhängen
- Nähnadel

TIPS FÜR DAS BASTELN

Tonkarton
Für die Fensterbilder sollten Sie Tonkarton verwenden, damit die Bilder die nötige Stabilität erhalten.

Übertragen des Motives
Haben Sie sich für ein Motiv entschieden, legen Sie ein Stück Transparent- oder Butterbrotpapier auf den Vorlagenbogen. Kleben Sie es mit einem kleinen Klebestreifen fest, damit es nicht verrutscht.

Zeichnen Sie alle Linien mit einem weichen, aber spitzen Bleistift nach. Anschließend wenden Sie das Transparentpapier und legen es auf den Tonkarton. Mit einem spitzen Bleistift ziehen Sie die gewünschten Linien nochmals kräftig nach; bei diesem Arbeitsgang wird der zuerst gezeichnete Bleistiftstrich auf den Karton übertragen.
Die Vorlagen können Sie nun mühelos ausschneiden; evtl. vorhandene Bleistiftstriche entfernen Sie mit einem weichen Radiergummi.

Gestaltung des Motives von der Vorder- und Rückseite
Ein frei hängendes Fensterbild sollte von der Vorder- und Rückseite gearbeitet werden. Hierzu benötigen Sie die meisten Teile in doppelter Ausführung.
Die Teile werden nur spiegelverkehrt, aber in gleicher Reihenfolge wie auf der Vorderseite angeordnet.

Ausschneiden eines Motives
Zum Ausschneiden der einzelnen Formen verwenden Sie am besten eine scharfe Bastelschere.
Teile, die doppelt benötigt werden, schneiden Sie in **einem** Arbeitsschritt aus, indem Sie zwei Bogen des Tonkartons übereinanderlegen. Dann passen die einzelnen Teile beim Aufeinanderkleben exakt zusammen.

Klebstoff
Damit kein unnötiger Schmierfleck durch den Klebstoff entsteht, tragen Sie ihn einige Millimeter vom markierten Rand entfernt auf.
Da manche Klebstoffe den Tonkarton wellen, sollten Sie Ihren Kleber unbedingt zuvor testen!

Aufhängung
Es gibt verschiedene Möglichkeiten, ein Fensterbild aufzuhängen. Sie können sich zwischen dem altbewährten Faden oder einem Klebeband entscheiden. Wenn Sie mit einem Faden arbeiten wollen, balancieren Sie das Motiv zwischen Daumen und Zeigefinger aus, bis Sie die richtige Stelle gefunden haben. Mit einer Nadel stechen Sie dann einige Millimeter vom Rand entfernt in das Motiv und ziehen nun den Faden durch.

Je größer das Motiv, um so eher sollten Sie mit **zwei** Fäden arbeiten.

AUF ZUR KÜCHE

Geschwind geht es zur Küche nun,
da gibt es allerhand zu tun.

Zeichnen Sie mit dem Filzstift das Auge, die Nasenöffnung und alle gepunkteten Linien (s.Vorlagenbogen) auf.

Danach wird der Körper des Hobbykochs
mit dem Schnabel, der Mütze und der Schürze, mit dem Löffel,
dem Flügel und den Füßen
beklebt.

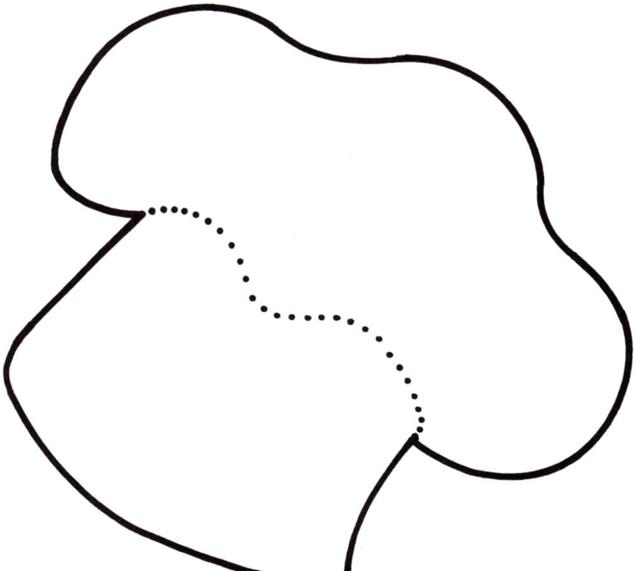

Ergänzende Zeichnungen siehe Vorlagenbogen

REIN INS STOPPELFELD

Der Drache aus Papier und Holz, das ist dem Entenkind sein Stolz.

Zeichnen Sie mit dem Filzstift das Auge, die Nasenöffnung und den Schnabelstrich auf.
Kunterbunt darf der Drachen werden, den Sie dann zusammenbauen.
Und weil heute ein guter Drachen-Wind weht, braucht das Entenkind ganz schnell noch seinen Schnabel, die Mütze und seine Füße.
Jetzt noch den Drachen aufkleben und den Flügel anbringen – und dann rein ins Stoppelfeld!

STÜRMISCHE SEE

Wassersport ist sehr beliebt,
ob´s so was auch mit Schirmen gibt?

Zeichnen Sie zunächst die schwarz markierten Stellen sowie alle gepunkteten Linien (s. Vorlagenbogen) mit dem Filzstift auf.

Dann muß das ungewöhnliche „Wassersport-Gerät" fertiggearbeitet werden. Der mutige Seefahrer bekommt seinen Schnabel, eine kesse Seemanns-Mütze mit Pompon und einen warmen Schal gegen den eisigen Wind.

Wenn das Entenkind im Schirm sitzt, wird es noch mit den Flügeln ergänzt. Nun kann es den Kampf mit der stürmischen See aufnehmen!

AUCH AUF DIE INSEL KOMMT DER OSTERHAS

Zu den Inseln geht´s per Ente heut´, dort warten auch schon viele Leut´!

Zuerst werden die Augen, die Nase, der Mund, die Nasenöffnung der Schwimmente und alle gepunkteten Linien (s. Vorlagenbogen) aufgezeichnet.

Die Ente bekommt ihren Schnabel und stürzt sich dann ins kühle Naß.

Fixieren Sie den Hasenkopf und den Fuß, und setzen Sie den reiselustigen Osterhasen zusammen.

Kiepe, Eier und Arm nicht vergessen, damit die Inselbewohner auch dieses Jahr ein gefülltes Nest finden!

Ergänzende Zeichnungen siehe Vorlagenbogen

HOPPE – HOPPE – REITER

Ein Reitersmann möcht ´s Entlein sein,
fall ja nicht in den Graben rein!

Augen, Nasenöffnungen, Zaumzeug, Schnabel- und Maulstrich werden aufgemalt.
Dann bringen Sie die Mähne, den Schwanz und den Sattel an.
Fixieren Sie zuerst den Fuß und dann den ganzen Reitersmann samt Schnabel und Flügel, bevor die Prärie ruft.

Ergänzende Zeichnungen siehe Vorlagenbogen

EIN JUNGES TROMMLER-TALENT

Talente werden hier entdeckt und Fähigkeiten neu geweckt.

Ohne Auge, Nasenöffnung und Schnabelstrich kann der kleine Trommler nicht sein.
Zudem braucht er einen Schnabel und sein blaues Hemd mit den gelben Knöpfen. Geben Sie dem rhythmisch begabten Entenkind dann noch die Trommel, seine Füße und die Trommelschlegel, bevor es sein Solo auf der Wiese beginnt.

PLANSCHVERGNÜGEN

Das ist ein echtes Planschvergnügen, da kann ich nie genug von kriegen.

Planschen anstelle von Zähneputzen – keine schlechte Alternative für das Entenkind, das zuerst sein Auge, die Nasenöffnung und den Schnabelstrich braucht.

Kleben Sie dann nacheinander folgende Teile auf: den Schnabel, die fertiggestellte Bürste, den bemalten Eimer und das Wasser.

FRISCH GEBADET

Das Entchen war nicht wasserscheu,
nun strahlt das Federkleid wie neu.

Pitschepatschenaß ist das Entenkind aus der Badewanne gestiegen. Es braucht deshalb zuerst einmal sein Auge, die Nasenöffnung und den Schnabelstrich.
Aufgemalt werden auch die Handtuchfransen.
Kleben Sie den Schnabel, dann beide Handtuchteile, die Flügel und die Füße auf.
Und dann wäre da ja noch die große Wasserpfütze, die das frisch gebadete Entenkind um sich verbreitet...

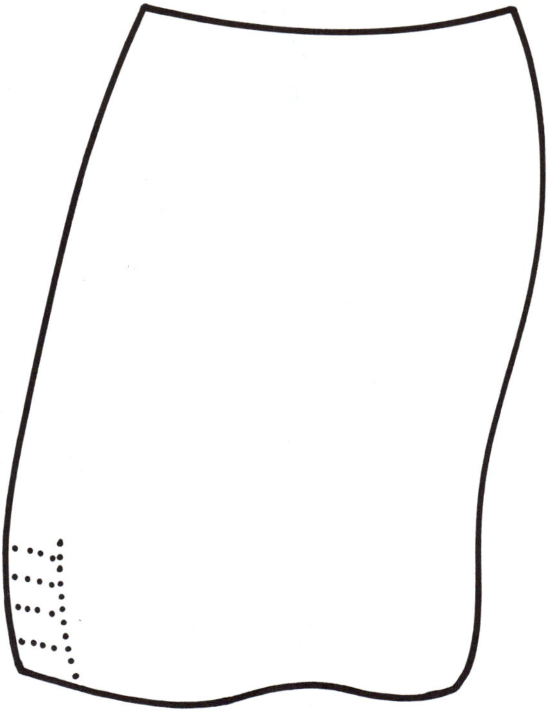

Ergänzende Zeichnungen siehe Vorlagenbogen

SCHNELL ZUR HEBAMME

Wenn noch die letzte Schale fällt, erblickt ein Kind das Licht der Welt.

Zeichnen Sie mit dem Filzstift das Auge, die Nasenöffnung und den Schnabelstrich der stolzen Mutter auf.

Dann bekommt sie ihren Schnabel, die Bluse mit den Knöpfen und die Füße. Drücken Sie ihr die Schnur in den Flügel. Die Räder werden auf den Wagen geklebt, und das Küken wird samt Eierschale daraufgesetzt.

Vergessen Sie nicht, die grüne Schnur hinter den Wagen zu kleben – und ab geht die Post zur Hebamme!

MEIN KNALLROTES GUMMIBOOT

Auf große Seefahrt geht es nun, die Flügel dürfen nur nicht ruhn.

Zeichnen Sie mit dem Filzstift das Auge, die Nasenöffnung und alle gepunkteten Linien (s. Vorlagenbogen) auf.

Schnabel und Seemannsmütze ergänzen.

Wenn das Entenkind im Boot sitzt, werden der Stöpsel, das Ruder und der Flügel aufgeklebt.

Und zum Schluß lassen Sie das Boot zu Wasser!

SO LÄSST ES SICH BEQUEM REISEN

Hier braucht man keine Muskelkraft, da die Maschine alles schafft.

Auge, Nasenöffnung und Schnabelstrich
werden aufgemalt,
Schnabel und Schal aufgeklebt.

Der Enten-Pilot
sitzt im Flugzeug
und bekommt seinen Flügel,
der sich bei dieser Art
des Fliegens
allerdings schön ausruhen
kann.

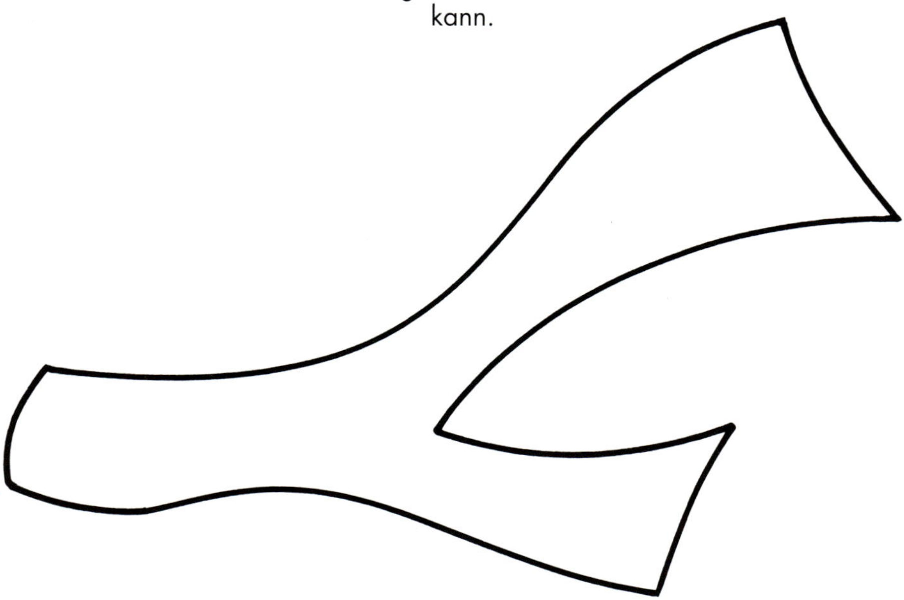

Ergänzende Zeichnungen siehe Vorlagenbogen

EISSCHLECKERIN

Wie sie das Eis so leckt, da weiß man eins: Es schmeckt!

Zuerst werden Auge, Nasenöffnung und alle gepunkteten Linien (s. Vorlagenbogen) aufgezeichnet.

Kleben Sie dann folgende Teile nacheinander an den Entenkörper: den fertiggestellten Schnabel, das Kleid mit dem Gürtel und den untergeklebten Füßen.

Nun fehlen nur noch das Eis und der vordere Flügelteil. Geschleckt wird auf der Wiese.

Ergänzende Zeichnungen siehe Vorlagenbogen

KOMMT EIN VOGEL GEFLOGEN

Komm, Du zwitschernder Gesell´, sing ein schönes Lied mir schnell!

Das Tupfen-Entlein und sein kleiner Freund bekommen aufgemalte Augen, Schnabelstriche und Nasenöffnung.
Fixieren Sie das fertiggestellte Kopfteil und den linken Flügel unter dem beklebten Kleid – überstehende Kreise werden einfach mit der Schere angeglichen.
Vergessen Sie den rechten Ärmel mit dem untergeklebten Flügel nicht.
Nun fehlen nur noch die Füße und der kleine Vogel.